BEI GRIN MACHT SICH IHR WISSEN BEZAHLT

- Wir veröffentlichen Ihre Hausarbeit,
  Bachelor- und Masterarbeit

- Ihr eigenes eBook und Buch -
  weltweit in allen wichtigen Shops

- Verdienen Sie an jedem Verkauf

Jetzt bei www.GRIN.com hochladen und kostenlos publizieren

Mirella Szymura

Faktoren der Bodenerosion

GRIN Verlag

Bibliografische Information der Deutschen Nationalbibliothek:

Die Deutsche Bibliothek verzeichnet diese Publikation in der Deutschen National-
bibliografie; detaillierte bibliografische Daten sind im Internet über http://dnb.d-
nb.de/ abrufbar.

Impressum:

Copyright © 2004 GRIN Verlag, Open Publishing GmbH
Druck und Bindung: Books on Demand GmbH, Norderstedt Germany
ISBN: 978-3-656-56714-1

Dieses Buch bei GRIN:

http://www.grin.com/de/e-book/30606/faktoren-der-bodenerosion

GRIN - Your knowledge has value

Der GRIN Verlag publiziert seit 1998 wissenschaftliche Arbeiten von Studenten, Hochschullehrern und anderen Akademikern als eBook und gedrucktes Buch. Die Verlagswebsite www.grin.com ist die ideale Plattform zur Veröffentlichung von Hausarbeiten, Abschlussarbeiten, wissenschaftlichen Aufsätzen, Dissertationen und Fachbüchern.

Besuchen Sie uns im Internet:

http://www.grin.com/

http://www.facebook.com/grincom

http://www.twitter.com/grin_com

Bodenerosion

von

Mirella Szymura

©Mirella Szymura

Jahr 2004

Inhaltsangabe

1 Vorwort

Das Hauptthema dieser Ausarbeitung ist die Bodenerosion. Die Prozesse der Bodenerosion sind nur zu verstehen, wenn die Entwicklung der Böden und ihre Bodenphysikalischen Eigenschaften bekannt sind. Da das Thema jedoch Umfangreich und Komplex ist, können in dieser kurzen Ausarbeitung nur die wichtigsten Punkte angesprochen und erklärt werden. Die Ausführungen werden nicht anhand Untersuchungsgegenstands dargestellt, sondern geben weitestgehend Exzerpte, Zitate und das während des Geographiestudiums gelernte wieder. Im Folgenden findet in der Einleitung die Definition wichtiger Begriffe statt.

2 Einleitung

Böden nehmen eine zentrale Stellung zwischen Atmosphäre, Biosphäre, Hydrosphäre und Lithosphäre ein und werden auch als Pedosphäre bezeichnet. Der Boden ist ein Naturkörper, gegliedert in verschiedene Schichten, bestehend aus Lockergesteinsfragmenten (Mineralien) und organischer Substanz. Je nach Wirkung der Faktoren der Bodenbildung, wie Art des Ausgangsgesteins, Klima, Geländeform, Art und Ausmaß der menschlichen Einwirkungen, z. B. durch die Bewirtschaftung, sind unterschiedliche Böden entstanden. Nach **Harald Zepp (2001)**[1] wird als Boden das mit Wasser, Luft und Lebewesen durchsetzte und unter dem Einfluss der Umweltfaktoren entstandene Umwandlungsprodukt mineralischer und organischer Substanzen bezeichnet.

Die Formen und Erscheinungen, welche der Boden bietet, sind nicht einfach als solche zu erfassen und darzustellen, sondern sie sind als Resultat von Kräftewirkungen begriffen. Lässt sich ein sicheres Fundament gewinnen, mit Hilfe von Beobachtungen und Messungen über das Verhältnis des natürlichen Bodenabtrags feststellen, kann dies als Bodenerosion gedeutet werden. Somit stellt sich die Frage, wie Bodenerosion definiert werden kann. Unter Bodenerosion ist eine Sonderform der Abtragung lockerer Bodenbestandteile der Erdoberfläche zu verstehen. Der Prozess der Bodenerosion ist physikalisch ein äußerst komplexer Vorgang. Die Abtragung des Bodens wird durch Wasser und Wind ausgelöst und geht über den natürlichen Abtragungsprozess des Bodens hinaus. Das Niederschlagswasser kann sowohl als Oberflächenabfluss den Boden abtragen, als auch die im oberen Horizont des Bodens gespeicherten Bestandteile (gelöste Minerale in form von Ionen) in Tiefe Schichten verlagern. Wind verlagert dabei Bodenbestandteile von einer labilen (z.B. Vegetationsarmen) Fläche auf eine andere. Nach **Hartmut Leser (1983)**[2] ist die Bodenerosion ein überwiegend

---

[1] Harald Zepp (2002): Grundriss allgemeine Geographie. Geomorphologie. S. 91
[2] Hartmut Leser (1983): Bodenerosion als methodisch- geoökologisches Problem. S. 8

anthropogen ausgelöster, aber natürlich ablaufender Prozess. Ob und in welcher Höhe es zur Erosion durch Spülung kommt, hängt von äußeren Faktoren wie Art und Menge des Niederschlages, der Geländeform, der Vegetationsart, der Vegetationsdichte und der Landnutzung sowie von den Bodeneigenschaften (Bodengefüge, Gehalt an organischer Substanz, Durchwurzelung) ab. Wassererosion kann nur dort angreifen, wo der Boden nicht vollständig mit Pflanzen bedeckt ist (somit labil ist) und tritt deswegen unter mitteleuropäischen Bedingungen in erster Linie auf Ackerflächen und Sonderkulturen auf. Besonders gefährdet sind Brachflächen und Pflanzenkulturen, bei denen die Pflanzen in weitem Abstand zueinander (z.b. Kohl, Wein) stehen. Die Bodenerosion setzt erst in nennenswertem Umfang ein, wenn Niederschlagsdauer und Niederschlagsintensität ein bestimmtes Maß überschreiten und nimmt mit steigender Hangneigung und Hanglänge zu.

Das zweite Kapitel verbildlicht die Ursachen der Bodenerosion, sowie die Haupttypen des Bodenverlustes.

Das dritte Kapitel, Bodendegradation (Bodenverlust), soll eine Hinführung zum gesamtthemenkomplex (Bodenerosion) darstellen. Es werden die Haupttypen, Ursachen und kontinental bezogener Ausmaß der Bodendegradierung behandelt.

Das Bodengefüge als abhängiger Faktor der Bodenerosion (Kapitel 4) ist in Abhängigkeit von Porentraum zu verstehen. Wasser im Einfluss mit anderen Faktoren wie zum Beispiel Geländeform (Relief) kann mit Eintrag und Verdichtung die bodenphysikalischen Eigenschaften ändern. Ist der Oberboden Trocken wird die Infiltrationskapazität aufgrund der bildenden Verschlämmungsschicht herabgesetzt. Unter Ariden Klimabedingungen sowie in der Vegetationsstillen Perioden greift auch die Winderosion ein, die Bodenpartikel von der Erdoberfläche ablöst (Kapitel 4.3).

Anschließend folgt im Fazit (Kapitel 5) eine Zusammenfassung der Ausarbeitung, sowie ein Beispiel einer Auswertung des Geologischen Dienstes zur potentiellen Erosionsgefährdung der Böden in NRW anhand eines Zitates und einer Kartendarstellung.

Im Kapitel sechs sind alphabetisch geordnete Literaturangaben zu finden die für diese Ausarbeitung genutzt worden sind und eine weitere Vertiefung zu Themenkomplex ermöglichen.

3 Bodendegradation

Unter Bodendegradierung ist nach **Hartmut Leser (2001)[4]** „die Verschlechterung des landwirtschaftlich genutzten Bodens durch natürliche, quasinatürliche und anthropogene Einflüsse. Die Bodendegradierung äußert sich in bodenmorphologischen und stofflichen Änderungen des Bodens, letztlich im Nachlassen der Bodenfruchtbarkeit." Die Bodendegradierung wird in vier Haupttypen unterteilt. Das höchste Ausmaß erreicht die Bodendegradierung durch Wind (28%) und Wassererosion (56%). Wobei man stets bedenken sollte, dass die in der Abbildung vorhandenen Werte Durchschnittswerte darstellen.

Die Ursachen der Bodendegradierung sind auf anthropogene Eingriffe in den Naturraum zurückzuführen. Seit Jahrtausenden wird durch den Eingriff der Menschen die Bodenentwicklung

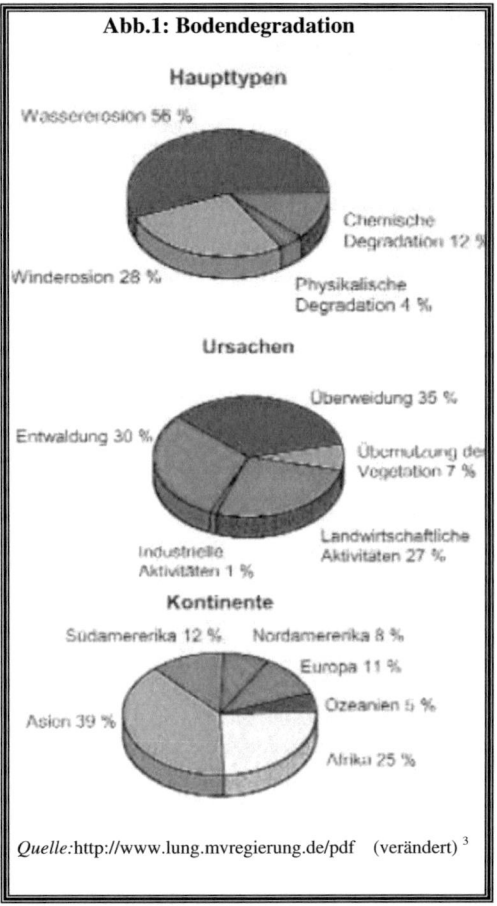

Abb.1: Bodendegradation

Haupttypen

Wassererosion 56 %

Chemische Degradation 12 %

Winderosion 28 %

Physikalische Degradation 4 %

Ursachen

Überweidung 35 %

Entwaldung 30 %

Übernutzung der Vegetation 7 %

Industrielle Aktivitäten 1 %

Landwirtschaftliche Aktivitäten 27 %

Kontinente

Südamererika 12 %   Nordamererika 8 %

Europa 11 %

Asien 39 %

Ozeanien 5 %

Afrika 25 %

*Quelle:*http://www.lung.mvregierung.de/pdf   (verändert)[3]

beeinflusst. Das Ausmaß der Bodendegradierung, ist jedoch von der Landnutzung sowie von dem Umfang der Landnutzung abhängig beziehungsweise von der Art und Weise des anthropogenen Eingriffs in dem jeweiligen NaturraumDie Bodendegradierung ist jedoch nicht auf allen Kontinenten gleich sondern hängt von sehr Unterschiedlichen Faktoren ab. So bildet das Klima, die Art und Intensität der biologischen Verwitterung sowie die physikalischen und chemischen Prozesse, das Ausganggestein und die Vegetation, auf die kultivierten Flächen des Naturraumes unterschiedliche Voraussetzungen für Ausmaß und Art der Bodendegradation.

---

[3] Landesamt für Umwelt, Naturschutz und Geologie Mecklenburg-Vorpommern ((Hrsg)(2003): S.10
[4] Hartmut Leser (Hrsg.)(2001): Wörterbuch Allgemeine Geographie. S.98

4 Bodengefüge als abhängiger Faktor der Bodenerosion

Die Entstehung des Bodens, als Endprodukt bzw. Rückstand der physikalischen und chemischen Verwitterung sowie der Verwitterungsneubildung ist stark von anderen Einflüssen (z. B. Klima) abhängig. Aus der physikalischen Verwitterung entstandenen ehemals und entstehen weiterhin durch Umwandlungsprozesse mineralische Komponenten die als Sedimente bezeichnet werden. Die Verwitterungsprodukte werden nach ihrem Durchmesser in Kornfraktionen eingeteilt. Die gröbste Unterteilung findet bei Grobsedimente (kantige Steine100 bis 2000 ө in mm; Grus 2,0 bis 63 ө in mm) und Feinsedimente (Sand 0,063 bis 0,63 ө in mm, Schluff 0,002 bis 0,063 ө in mm, Ton 0,0002 bis 0,002 ө in mm) statt. **Harald Zepp (2002)** [5]**; Gunter Steinbach (1987)** [6]

Die Korngrößenfraktion, die Anziehungskräfte (von der Waal- Kräfte), die Gestallt (gerundet, halbgerundet, kantig), die Homogenität/ Heterogenität sind von entscheidender Bedeutung für das Verhältnis des Luftporenvolumens und des Speichervermögens des Bodens. Bodenporen sind somit wichtig für die Durchlüftung des Bodens (LK), das Wasserspeicher vermögen (FK, nFK) und den Wassertransport (kF, ku). Durch Quellung/Schrumpfung von Tonmineralen, Verkittung durch Karbonate, Oxide oder Salze, durch Biologische Aktivität sowie Günstige chemische Bodeneigenschaften Entsteht das Bodengefüge. Das Bodengefüge beeinflusst die Lagerungsdichte, die Durchlüftung, die Durchwurzelbarkehit, das Infiltrationsvermögen, die Erosionsanfälligkeit und den Humusgehalt des Bodens.

Die gegenseitige Beeinflussung der Faktoren ist gegeben, so dass zum Beispiel bei Verringerung der Durchwurzelbarkehit (durch anthropogenen Eingriff z.B. Rohdung) und Verdichtung (durch Befahren, Viehtritt) des Bodens, wird die Lagerungsdichte herabgesetzt wird, die Durchlüftung verringert sich. Die Folge ist die Reduktion des Infiltrationsvermögens. In der Landwirtschaft wird durch Lockerung des Oberbodens mit dem Pflügen versucht der Verdichtung entgegenzuwirken. Dies führt oftmals dazu, dass der Oberboden locker und porenreich ist und der Unterboden verdichtet ist. Des weiterem entstehen in der der direkten Umgebung, des zum Einsatz kommenden Pfluges, Verdichtungsstellen die sich entscheidend auf Abtrag des Bodens auswirken (Abb.4)

---

[5] Harald Zepp (2002): Grundriss allgemeine Geographie. Geomorphologie. S. 91
[6] Gunter Steinbach (Hrsg.) (1987): Gesteine. Steinbachs Naturführer. S.146

Tab. 1: Abhängigkeit der Wasserspeicherung in einer Mineralischen Zusammensetzung

Eigenschaften	Sandboden	Lehmboden	Tonboden
Körnung	Einseitige Körnungsstruktur (Sand, kaum Feinerdeanteil)	Ausgeglichene Körnumgsstruktur (Sand-Schluff-Ton-Anteile)	Einseitige Körnungsstruktur(Ton-Schluff-Anteile)
Wasserführung	Gut	Gut	Schlecht
Wasserhaltung	Gering	Hoch	Sehr hoch, bedingt verfügbar
Durchlüftung	Sehr gut durch hohes Porenvolumen	Gut: optimales Porenvolumen bei Krümelgefüge	Schlecht

Quelle(verändert): http://pcboku10.agrar.hu-berlin.de/cocoon/boku/sco_2_substrate_82?section=N100BW[7]

Fehlende Vegetation setzt die Oberflächenrauhigkeit schnell ab, so dass das Wasser stärker dazu neigt oberflächlich abzufließen. Denn je höher die Oberflächenrauhigkeit ist, umso mehr Wasser kann gespeichert und um so länger kann der Abfluss verzögert werden und die Bodenerosion verzögert werden. Der Oberflächenabfluss hängt somit von dem Feuchtenzustand, der Infiltrationskapazität (Durchlässigkeit) des Bodens ab. **Hartmut Leser (2001)** [8] Die Infiltrationskapazität des Bodens ist von dem Verschlämmungsgrad, Verdichtungsgrad und Austrocknungsgrad des Bodens abhängig (Kapitel 4).

4.1 Bodenerosion durch Wasser

Regentropfen fallen mit hoher Energie auf die Bodenoberfläche. Wenn die Energie der Regentropfen die Stabilität, der sich auf den Boden befindenden Aggregate übersteigt, werden sie zerstört (abgelöst). Es entsteht eine Zerschlagung der Bodenaggregate.

Nach **Harald Zepp (2001)**[9] und **Rainer Duttmann (2001)**[10] wird die zerschlagende Planschwirkung (splash effect) durch die anschließende Zerspritzung des Wassers und der Bodenpartikeln gekennzeichnet (kinetische Energie der Regentropfen).

---

[7] Jana Chmieleski: http://pcboku10.agrar.hu-berlin.de/cocoon/boku/sco_2_substrate_82?section=N100BW
[8] Hartmut Leser (Hrsg.)(2001): Wörterbuch Allgemeine Geographie. S. 572
[9] Harald Zepp (2002): Grundriss allgemeine Geographie. Geomorphologie. S. 91
[10] Bodenfeuchte als Steuergröße der Bodenerosion .S.24

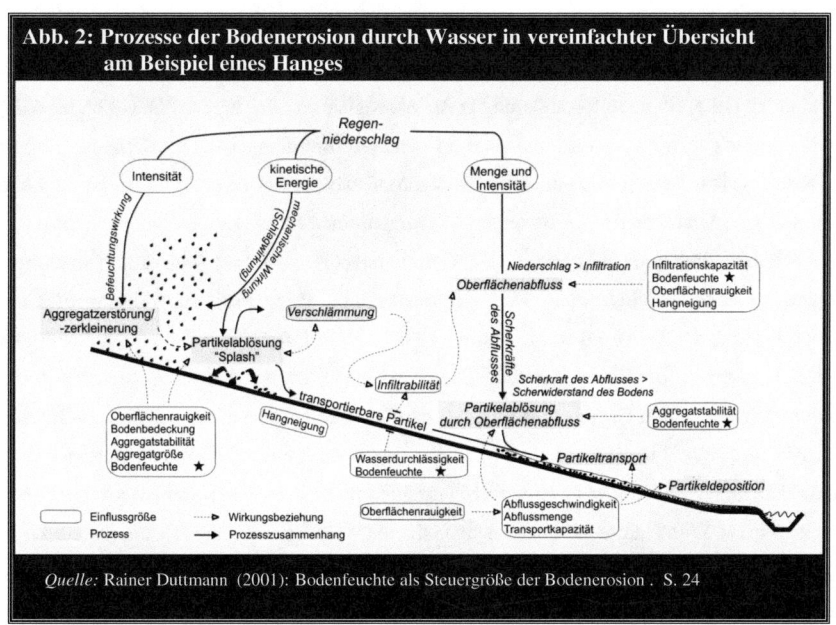

Abb. 2: Prozesse der Bodenerosion durch Wasser in vereinfachter Übersicht am Beispiel eines Hanges

Quelle: Rainer Duttmann (2001): Bodenfeuchte als Steuergröße der Bodenerosion . S. 24

Ist der Boden Trocken kann mit Widerbefeuchtung die durch das vordringende Wasser die Druck im Boden erzeugt zur Luftsprengung führen. Dies führt dazu, dass die Stabilität der Trockenen Aggregate zerfällt und verstärkter Transport der Bodenpartikel stattfindet. Ungleichmäßige Aufnahme des Wassers im Boden erhöht die Scherspannung, was nach **Harald Zepp (2001)** [11] ebenfalls Aggregatzerfall bewirkt. Die Zerlegung der Bodenaggregate kann mit Versickerung des Wassers eine Verschlämmungsschicht entwickeln. Diese Schicht ist meist nur eine wenige Millimeter dicke jedoch dichte Schicht, so dass die weitere Infiltrationskapazität des Bodens herabgesetzt wird. Als folge geringer Infiltrationskapazität kommt es zu verstärkten Oberflächenabfluss. *„Planschwirkung und Verschlämmung bedeuten einen Mineraltransport auf sehr kurzer Distanz".* **Harald Zepp (2002)** [12] Die Distanz des Transports ist wiederum abhängig von dem Relief (Kapitel ...) und Dauer des Niederschlags. Nach **Harald Zepp (2002)** [13] geht mit zunehmender Schichtdicke des Abflusses die Bedeutung der Reibung verloren. Begründet kann dies im Gesamtdruck der auf die Reibungskraft ausgelöst wird und sie somit mindert.

---

[11] Harald Zepp (2002): Grundriss allgemeine Geographie. Geomorphologie. S.91
[12] Harald Zepp (2002): Grundriss allgemeine Geographie. Geomorphologie. S. 128
[13] Harald Zepp (2002): Grundriss allgemeine Geographie. Geomorphologie. S. 128

4.2 Relief als abhängiger Faktor der Bodenerosion

Das eindringen der Siedler in eine gering gewandelte Naturlandschaft führe und führt weiterhin zu tief greifenden Veränderungen des ökologischen Gleichgewichts. Besonderes die Bewirtschaftung von Naturraum mit nicht an den Naturraum angepassten Methoden fördert die Bodenerosion. Betrachtet man einen Großen Maßstab eines Kulturraumes, so ist die Lage der Bewirtschafteten Fläche, um Bodenerosion im extremen Masse zu vermeiden, wichtig.

„Je steiler das Relief und je geringer Wasseraufnahmevermögen des Bodens, um so stärker des oberflächlich   abfließenden Niederschlagswassers, desto mehr Bodenmaterial kann verlagert werden.“ **Winfried E.H. Blum (1992)** [14] Mit Relief sind hier allgemein die Oberflächenformen der Erde gemeint. Die Lage und Art des Gesteins beeinflusst die Bodenentwicklung, den Grundwasserspiegel, das Lokalklima und die Vegetation. **Winfried E.H. Blum (1992)** [15] in „Bodenkunde in Stichworten“ stellt einen Zusammenhang zwischen der Geländeneigung, dem Wasseraufnahmevermögen und der Bodenerosion. Wird der Boden nicht durch ein Wurzelgeflecht zusammengehaltenen, verstärkt sich die Bodenerosion. Nach **Rainer Duttmann (2001)** [16] wirkt sich die Bodenfeuchte entscheidend auf die Bodenerosion aus (Kapitel 4). Wird die Vegetation einer Fläche entfernt , ist der Oberboden nicht fähig Wasser zu infiltrieren. Trockener, feiner Boden verschlämmt durch diesen Vorgang. Das Niederschlagswasser kann danach nicht schnell genug eindringen, weil keine großen Poren mehr vorhanden sind. Dadurch sammelt sich Wasser auf der Bodenoberfläche und läuft den Hang hinab. Die obere Bodenschicht wird immer instabiler bei Fortdauern des Regens und die losgelösten Teilchen werden mitgenommen. Es entstehen Rillen, Rinnen und schließlich Gräben (Abb.4), die sich mit zunehmender Regendauer oder Regenstärke vergrößern können. Beim nächsten Niederschlag ist die Bodenoberfläche bereits verdichtet und die Abflusslinien sind ausgeprägt, so dass sich der Transportbeginn beschleunigt. Der stärkste Abfluss und Abtrag erfolgt an konvexen Hangbereichen. Nimmt die Hangneigung hang abwärts ab und wechselt zum konkaven Unterhang, verlangsamt sich die Fließgeschwindigkeit und es beginnt eine Ablagerung auf der Talfläche. Liegt der Hang allerdings unmittelbar an einem Gewässer, ist oft ein direkter Austrag von Sediment aus der Fläche und Eintrag in das Gewässer möglich. Schon bei einer geringen Hangfläche überwindet Wasser innere Reibung und beginnt zu fließen. Mit dem Fließen des Wassers kommt es zu Erosion.

---

[14] Winfried E.H. Blum (1992): Bodenkunde in Stichworten. S. 85
[15] Winfried E.H. Blum (1992): Bodenkunde in Stichworten. S. 85
[16] Rainer Duttmann (2001) : Bodenfeuchte als Steuergröße der Bodenerosion .S.24

Abb. 3: Prozessgefüge der Flächenerosion

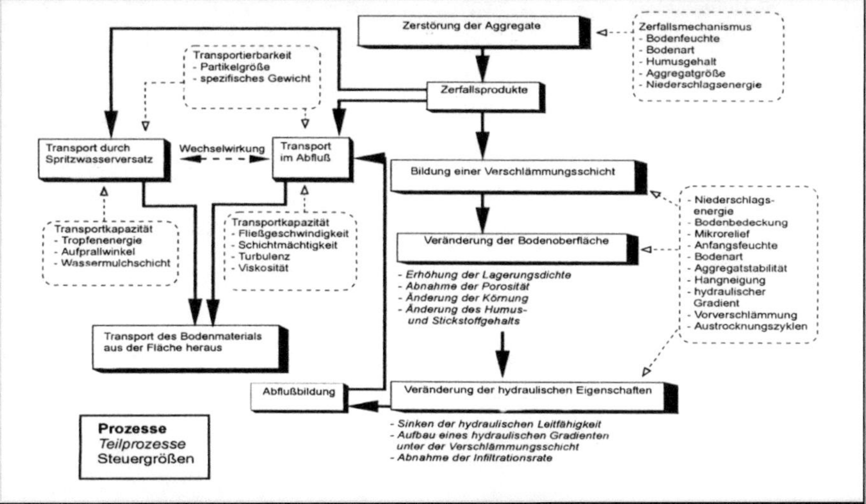

Zerstörung der Aggregate
- Zerfallsmechanismus
- Bodenfeuchte
- Bodenart
- Humusgehalt
- Aggregatgröße
- Niederschlagsenergie

Transportierbarkeit
- Partikelgröße
- spezifisches Gewicht

Zerfallsprodukte

Transport durch Spritzwasserversatz ←→ Wechselwirkung → Transport im Abfluß

Bildung einer Verschlämmungsschicht

Transportkapazität
- Tropfenenergie
- Aufprallwinkel
- Wassermulchschicht

Transportkapazität
- Fließgeschwindigkeit
- Schichtmächtigkeit
- Turbulenz
- Viskosität

Veränderung der Bodenoberfläche

- Niederschlags-energie
- Bodenbedeckung
- Mikrorelief
- Anfangsfeuchte
- Bodenart
- Aggregatstabilität
- Hangneigung
- hydraulischer Gradient
- Vorverschlämmung
- Austrocknungszyklen

- Erhöhung der Lagerungsdichte
- Abnahme der Porosität
- Änderung der Körnung
- Änderung des Humus- und Stickstoffgehalts

Transport des Bodenmaterials aus der Fläche heraus

Abflußbildung

Veränderung der hydraulischen Eigenschaften

- Sinken der hydraulischen Leitfähigkeit
- Aufbau eines hydraulischen Gradienten unter der Verschlämmungsschicht
- Abnahme der Infiltrationsrate

Prozesse
Teilprozesse
Steuergrößen

Quelle (verändert): Nicola Fohrer (1995): S. 155

Abb. 4: Lineare Erosionsformen der Wassererosion

Rille (Tiefe 2 < 10 cm)

Rinne (Tiefe 10 < 40 cm)

Graben (Tiefe < 40 cm)

Quelle: Landesamt für Umwelt, Naturschutz und Geologie Mecklenburg-Vorpommern (Hrsg.)(2003): S. 73
Harald Zepp (2002): S. 13

4.3 Bodenerosion durch Wind

Wind überströmt mit einer erhöhten Geschwindigkeit die Bodenoberfläche und setzt durch Druck und Hubkräfte Teilchen in Bewegung. In Abhängigkeit von ihrer Größe werden die Teilchen an der Bodenoberfläche bewegt oder treffen auf andere Teilchen auf. Abrasion zerstört die Bodenoberfläche. Kleinere Teilchen werden in die Luft geschleudert. Der bodennahe Transport ist in der Regel vor dem nächsten Hindernis beendet, es erfolgt eine sortierende Zwischenablagerung und Dünenbildung. Kleinere leichte Teilchen werden weiter transportiert oder diffus als Staub in der Atmosphäre eingetragen, schwerere Teilchen lagern sich am Boden ab. Später werden weitere Teilchen akkumuliert. Auslöser von Winderosion bedingten Bodenverlagerungen können Winde mit einer Geschwindigkeit > 6 bis 8 m/Sek. bei trockener Witterungslage sein. Der flächenhafte Abtrag von Boden wird vor allem durch Windstärke und Windturbulenzen bewirkt. Die Verwirbelung in der bodennahen Luftschicht führt auch bereits in kleinen Böen zu beträchtlichen Windgeschwindigkeiten. Der Zeitraum starker Winderosion in Deutschland liegt im Winter und im Frühjahr bei anhaltender Ostwetterlage, wenn keine Schneebedeckung auf der Fläche vorhanden ist. Hohe Winderosionsgefährdung besteht besonders in den Gebieten, in denen neben häufig hohen Windgeschwindigkeiten auch eine negative klimatische Wasserbilanz (niedrige bis keine Niederschläge bei hoher Verdunstungsrate) vorherrscht. Besonders verwehungs- gefährdet sind sandige Bodenarten mit einem hohen Anteil von Mittel- und Feinsand sowie einem geringen Grobskelettanteil in der Korngrößenzusammensetzung. *„Bevorzugt werden fluvial entstandene oder beeinflusste Talsande, wie sie in den Einzugsbereichen der größeren Flüsse vorkommen, transportiert.„* **Landesamt für Umwelt, Naturschutz und Geologie Mecklenburg-Vorpommern (2003)**[17]

5 Fazit

Die Ausarbeitung bietet nur einen kleinen Einblick in die Gesamtprozesse der Bodenerosion die eine Sonderform der Abtragung lockerer Bodenbestandteile der Erdoberfläche darstellt. Die Bodenverluste der Kontinente unterscheiden sich voneinander, wobei durch Wind (28%) und durch Wassererosion (56%) des Bodens von kultivierten Flächen verloren geht. Zurückzuführen sind die Bodenverluste auf die Überweidung (35%), Entwaldung (30%), landwirtschaftliche Aktivitäten (27%), Übernutzung der Vegetation (7%) und industrielle

---

[17]Landesamt für Umwelt, Naturschutz und Geologie Mecklenburg-Vorpommern (Hrsg)(2003): S. 25
http://www.lung.mv regierung.de/ dateien/bodenerosion.pdf (28.08.2004)

Aktivitäten (1%). Die Formen und Erscheinungen, welche der Boden bietet, sind als Resultat von natürlichen Kräftewirkungen zu verstehen die durch den Eingriff des Menschen schnelleren und veränderten Prozessen unterliegen. Die Abtragung des Bodens geht somit über den natürlichen Abtragungsprozess des Bodens hinaus. Wind und Wasser verlagert unter verschiedenen Bedingungen und im unterschiedlichen Ausmaß die Bodenbestandteile, wobei der Transport von dem Substrat abhängig ist. Die Kraft mit der der Boden Transportiert wird und die Gestalt des Geländes beeinflusst die Akkumulation in einem Gebiet. Das Niederschlagswasser kann sowohl als Oberflächenabfluss den Boden abtragen, als auch die im oberen Horizont des Bodens gespeicherten Bestandteile (gelöste Minerale in form von Ionen) durch Infiltration in Tiefe Schichten verlagern (Belastung der Gewässermöglich). Die Tiefenverlagerung von Anthropogen eingebrachten Düngermittel, Pestiziden, Herbiziden etc. könnte die Korrosion von noch nicht ausgegrabenen Gegenständen, die besonderes für Archäologen interessant sind, verstärken. Bodenerosion vermindert des weiterem die Bodenfruchtbarkeit und kann den Boden zerstören, weil die Bodenbildung äußerst gering ist. Bodenerosion schädigt aber nicht nur den Boden. Mit der Bodenerosion abgetragene Nährstoffe und Pflanzenbehandlungsmitteln und beeinträchtigen eventuell benachbarte Schutzgebiete. Eine Verschlämmung von Strassen, Wegen, Kanälen und anderen Einrichtungen verursacht zudem höhere Reinigungs- und Unterhaltskosten.

„Die Erosionsgefährdung der Böden hängt von mehreren Faktoren ab. Treffen erosionsempfindliche schluff- oder feinsandreiche Böden in Hanglagen mit regelmäßig wiederkehrenden erosionswirksamen Niederschlägen, z. B. bei Gewittern zusammen, dann muss von einer hohen potentiellen Erosionsgefährdung ausgegangen werden. Auswertungen des Geologischen Dienstes zur potentiellen Erosionsgefährdung der Böden in NRW zeigen, dass in weiten Teilen NRW's das Problem der Erosion genauer betrachtet werden muss.“

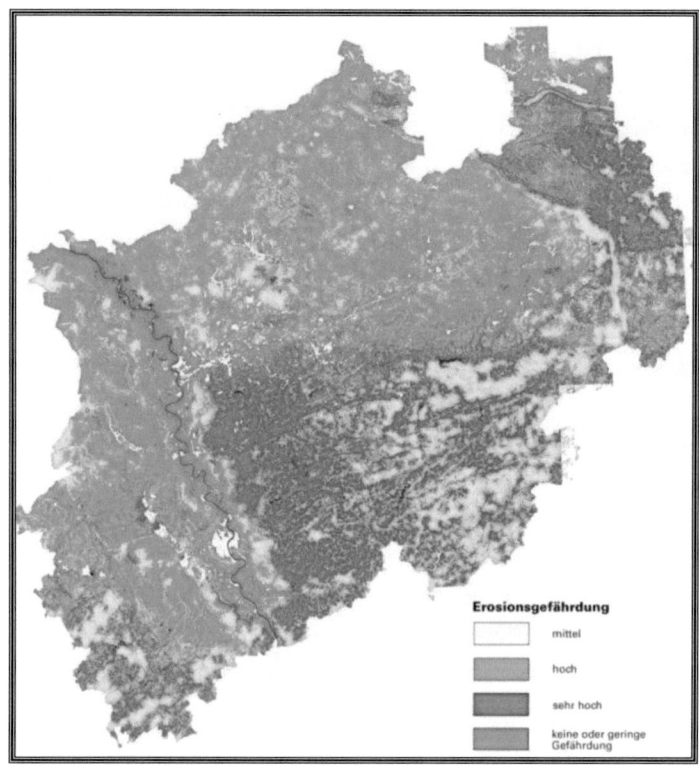

Erosionsgefährdung

- [ ] mittel
- [■] hoch
- [■] sehr hoch
- [■] keine oder geringe Gefährdung

Quelle: http://www.lua.nrw.de/boden/flaechenbewirt/bodenerosion.htm

6 Literaturangaben

Blum, Winfried E.H. (1992): Bodenkunde in Stichworten. Auflage 5. Ferdinand Hirt Verlag. Stuttgart

Dikau, Richard (1983): Der Einfluss von Niederschlag, Vegetationsbedeckung und Hanglänge auf Oberflächenabfluss und Bodenabtrag von Messparzellen. . In: Geomethodica- Veröffentlichungen des 8. Basler Geomethodischen Colloquiums. Seiten 149 bis 177. Basel

Duttmann, Rainer (2001): Bodenfeuchte als Steuergröße der Bodenerosion. In: Geographische Rundschau. Ausgabe 5/2001. Seiten 24-32.

Fohrer, Nicola (1995): Auswirkungen von Bodenfeuchte, Bodenart und Oberflächenbeschaffenheit auf Prozesse der Flächenerosion durch Wasser. In: Bork, Hans-Rudolf (Hrsg.): Bodenökologie und Bodengenese, Heft 19. Selbstverlag; Technische Universität Berlin.

Leser, Hartmut (Hrsg.) (1983): Bodenerosion als methodisch- geoökologisches Problem. In: Geomethodica- Veröffentlichungen des 8. Basler Geomethodischen Colloquiums. Seiten 11 bis 25. Basel

Leser, Hartmut (Hrsg.) (2001): Wörterbuch Allgemeine Geographie. Westermann. München

Steinbach, Gunter (Hrsg.) (1987): Gesteine. Steinbachs Naturführer. Mosaikverlag, München

Zepp, Harald (2002): Grundriss allgemeine Geographie. Geomorphologie. Ferdinand Schöningh. Paderborn

1) http://mpilim.mpil-ploen.mpg.de/gtzpub_wantzen.pdf (26.08.2004)

2) http://www.lung.mv regierung.de/ dateien/bodenerosion.pdf (28.08.2004) Landesamt für Umwelt, Naturschutz und Geologie Mecklenburg-Vorpommern ((Hrsg)(2003)

3) http://pcboku10.agrar.hu-berlin.de/cocoon/boku/sco_2_substrate_82?section=N100BW (30.08.2004) Jana Chmieleski

4) http://www.lua.nrw.de/boden/flaechenbewirt/bodenerosion.htm (30.08.2004)

5) http://www.zalf.de/bfd/images/b_fig2.gif (26.08.2004)

6) http://www.klett-verlag.de/sixcms_upload/media/100/winderosion.jpg (26.08.2004)